AF870720

Sitzungsberichte
der Akademie der Wissenschaften
der DDR
Mathematik – Naturwissenschaften – Technik

Jahrgang 1985 · Nr. 9/N

Alfred Zimm/Konrad Scherf

Territoriale Strategien im realen Sozialismus

AKADEMIE-VERLAG · BERLIN
1986

Vortrag von Prof. Dr. sc. Alfred Zimm und
Prof. Dr. sc. Konrad Scherf, Sektion Geographie
der Humboldt-Universität zu Berlin, gehalten am
6. Dezember 1984 vor der Klasse Geo- und Kosmoswissenschaften der AdW der DDR

Herausgegeben im Auftrage
des Präsidenten der Akademie
der Wissenschaften der DDR
von Vizepräsident Prof. Dr. Heinz Stiller

ISBN 3-05500001-3
ISSN 0138-3965
Erschienen im Akademie-Verlag, DDR-1086 Berlin, Leipziger Str. 3—4
© Akademie-Verlag Berlin 1986
Lizenznummer: 202 · 100/54/85
Printed in the German Democratic Republic
Gesamtherstellung: VEB Druckhaus Köthen
LSV 0345
Bestellnummer: 7635687 (2010/85/9/N)
00300

Wenn man anfänglich noch nicht territoriale Strategien, wohl aber ganz allgemein das Territorium als Wirtschafts- und Wirkungsraum der Menschen ins Auge faßt, dann ist festzustellen, daß wir alle in bestimmten räumlichen Spannungen leben, die uns positiv oder negativ in unseren Lebensabläufen beeinflussen. So wird z.B. eine solche räumliche Kombination von Wohnen und Arbeiten, die die Wegezeiten minimiert, also das individuelle Zeitbudget entlastet, von den Betroffenen sicher als optimal empfunden. Zugleich aber kann die günstige Raumkombination der genannten beiden Grundbedürfnisse (Wohnen und Arbeiten) strukturell insofern belastet sein, daß die Funktion Arbeiten mit stark störenden Außenwirkungen behaftet ist, so daß die große Nähe zwischen Arbeiten und Wohnen zwar die Zeit für die Überwindung der Distanz zwischen beiden minimiert, die Störfaktoren (Lärm, Verunreinigungen ...) die nahe Wohnumwelt aber so negativ beeinflussen, daß der komfortwirksame Raumaspekt des Lebens in seiner Wirkung den Distanzaspekt bei weitem übertrifft. Das Freisetzen von Zeit durch die Nähe zwischen den beiden Grundfunktionen tritt gegenüber umfassenderen Lebensansprüchen (gesunde Wohnumwelt) zurück. Verkettet man den Raumaspekt mit einer weiteren Grundfunktion, z.B. der Erholung, bildet also die Wirkungskette Arbeiten – Wohnen – Naherholung, dann wird noch deutlicher, daß die uns begleitenden Raumspannungen nicht auf reine Distanzprobleme reduzierbar sind, sondern die Vielfalt unseres Lebens angehen. So fließen in die positiv oder negativ empfundene räumliche Anordnung von Lebensprozessen bei Eingliederung der Naherholung ein, daß

- verschiedene vorwiegende Tätigkeitsmerkmale unterschiedliche Erholungsansprüche nach sich ziehen und damit auch auf verschiedene Räume zielen,
- verschiedene Altersgruppen stark voneinander abweichende altersspezifische Erholungsgewohnheiten haben und damit ganz unterschiedliche Attraktivitätsvorstellungen von Erholungsgebieten verbinden,
- mit der vorwiegenden Realisierung der Naherholung vom Wohngebiet aus die verschiedenen Wohnmilieus unterschiedliche Erholungsansprüche zeitigen, die mit der bevorzugten Frequentierung ganz bestimmter Erholungsgebiete verbunden sind,
- die Frequentierung der Naherholungsgebiete im allgemeinen distanz- *und* attraktivitätsabhängig ist, wobei sich hohe Attraktivitätswerte mit der Inkaufnahme größerer Distanzen verbinden.

Die Optimierung der räumlichen Anordnung Arbeiten – Wohnen – Naherholung wird – nur soviel sollte das Beispiel belegen – zu einer vielfachen Verkettung von Wirkungen und Gegenwirkungen. Der individuelle Spielraum der Entscheidungen ist dabei relativ groß. Durchaus Gleiches gilt für räumliche Ordnungen solcher Reproduktionslinien wie

Arbeiten – Wohnen – Einkaufen,
Arbeiten – Wohnen – Bilden,
Arbeiten – Wohnen – Kommunizieren,

die man wiederum zu noch größeren Ketten zusammenschließen kann und die uns in ihrer Wirkung alle betreffen.

Solchen Problemen nachzugehen und in ihnen das Gesetzmäßige und Zufällige aufzudecken, ist in einem kurzen Vortrag kaum möglich. Es ergibt sich aber die Frage, ob es übergeordnete Prämissen der räumlichen Organisation der Gesellschaft und dabei solche grundlegender Art gibt, die für den realen Sozialismus typisch sind? Dazu seien ein paar Bemerkungen gemacht, die an zwei Beispielen territoriale Strategien verdeutlichen sollen.

1. *Zur Strategie der Siedlungsentwicklung*

Für die Siedlungsentwicklung gilt als übergeordnetes Ziel, daß die territoriale Organisation des gesellschaftlichen Lebens zur Überwindung ungerechtfertigter territorialer Unterschiede im Lebensniveau der Bevölkerung beizutragen hat.

Die unter dieser Zielsetzung entwickelten Planungs- und Entwicklungsstrategien beziehen sich in erster Linie auf territoriale Grundstrukturen der Gesellschaft und deren Reproduktion, wobei diese ihrerseits an die fundamentalen sozialökonomischen Prozesse gebunden sind.

Die Ordnung der Grundstrukturen im Sinne der vorher genannten Zielprojektion besitzt eine umfassende Bedeutung für die Gesamtentwicklung der Territorialstruktur (und damit für die Gesamtentwicklung der sozialistischen Gesellschaft) eines Landes und ist die territoriale Grundbedingung für die progressive Entwicklung der Gesellschaft und deren materieller (reproduktiver) Grundlagen.

Als eine solche Grundstruktur des gesellschaftlichen Lebens, deren Ordnung die Durchsetzung strategischer Leitlinien des realen Sozialismus einschließt, wird das Verhältnis von Stadt und Land angesehen, das in den Beziehungen, Proportionen, Gleichartigkeiten und Unterschieden zwischen den Städten und Dörfern seinen konkreten siedlungsstrukturellen Ausdruck findet und in dessen Bewegungen sich nach Karl Marx „... die ganze ökonomische Geschichte der Gesellschaft resümiert."[1] Die bereits im Kommunistischen Manifest geforderte Überwindung wesentlicher – sozialer – Unterschiede zwischen Stadt und Land beim Aufbau der kommunistischen Gesellschaft wird in den sozialistischen Ländern durch die Entwicklung *beider* Grundtypen von Siedlungen – der Städte und der Dörfer – schrittweise verwirklicht. In der Fachliteratur wird dagegen der soziale Fortschritt des Dorfes nicht selten auf die Überwindung seiner Unterschiede zur Stadt im Sinne des Aufholens seiner Rückstände gegenüber der Stadt reduziert[2] und die Entwicklung der Stadt nur über die

Land-Stadt-Migration in Beziehung zum Dorf gebracht. Demgegenüber hat W. I. Lenin gerade die Zweiseitigkeit dieses Umgestaltungsprogramms, bezogen auf das Land und die Stadt, bei der allmählichen Herausbildung einer neuen Siedlungsweise der Menschheit hervorgehoben, der weder „... die Öde, Weltabgeschiedenheit und Barbarei der Dörfer" in vergangener Zeit noch die „... widernatürliche Zusammenballung gigantischer Massen in ihren großen Städten" eigen sein wird.[3]

Beim Aufbau und der Gestaltung des Sozialismus als der ersten Phase der kommunistischen Gesellschaftsformation führt zwar die Stadt das Land (was ein folgerichtiger Ausdruck der gesellschaftlich führenden Rolle der Arbeiterklasse ist, die sich gemeinsam mit den modernen dinglichen Produktivkräften insbesondere der Industrie schwerpunktmäßig in den Städten konzentriert)[4], aber zugleich ist künftig stärker zu beachten, daß die grundlegenden gesellschaftlichen Prozesse in der Stadt und im Dorf in der gleichen Richtung verlaufen, wie dies u.a. im Abbau wesentlicher Unterschiede zwischen geistiger und körperlicher Arbeit, in der Entwicklung der Arbeit zum ersten Lebensbedürfnis, in der allseitigen Entfaltung der Persönlichkeit zum Ausdruck kommt.[5]

In dem Annäherungsprozeß zwischen Stadt und Land (und damit zwischen Stadt- und Landsiedlungen) spielen die Produktivkraftentwicklung in der Landwirtschaft sowie die Wandlung der sozialen Verhältnisse auf dem Lande eine besonders aktive Rolle. In die landwirtschaftliche Arbeit fließen zunehmend Elemente der industriellen Arbeit ein. Die Struktur der Anlagefonds, die Organisation wesentlicher Bereiche der Produktion, der Charakter der Arbeit u.a. nähern sich der Industrie. Zugleich nimmt der Anteil der Berufstätigen zu, die nicht mit landwirtschaftlicher Primärproduktion befaßt sind. Arbeiter in den Kombinaten industrieller Mast, Beschäftigte im ländlichen Dienstleistungsgewerbe, ländliche Kommunalarbeiter usw. bezeichnen den Trend der Zunahme der Arbeiter und Angestellten auf dem Lande. Diese beiden Phänomene – tendenzielle Veränderungen des Charakters der Arbeit und Wandlungen der Sozialstruktur – begünstigen die Angleichungsprozesse von Stadt und Land. Unterstützt wird dies durch Gleichartigkeiten im Bildungsniveau, Analogien im Freizeitverhalten, gleichartige Nutzung von Medien der Massenkommunikation usw. Schließlich sind in diesem Sinne auch qualitative Veränderungen im Verkehrswesen wirksam, die tendenziell das Dorf stadtnah und die Stadt landnah machen.[6]

Die neue Dialektik von Stadt und Land ist letztlich so zu nutzen, daß – wie es in den Materialien des XXII. Parteitags der KPdSU heißt – eine solche Siedlungsweise durchgesetzt wird, „... die all das Gute, was eine moderne Stadt besitzt – modern eingerichtete Wohnhäuser, breite Verkehrsstraßen, kommunale Dienstleistungsbetriebe, Einrichtungen zur Betreuung der Kinder, für Kultur und Sport –, mit all dem Guten, was die ländlichen Siedlungen aufzuweisen haben – viel Grün, Wasser und frische Luft –," in sich vereint.[7] Beim Aufbau des Sozialismus/Kommunismus gibt es also keine Alternative Stadt *oder* Land, sondern im Prozeß der Herausbildung der sozialistisch-kommunistischen Produktions- und Lebensweise werden die Städte *und* die Dörfer – bei Wahrung alles Erhaltungswerten – langfristig umgestaltet. In diesem historischen Prozeß entsteht allmählich eine neue Siedlungsweise, mit der die wesent-

lichen – sozialen – Unterschiede zwischen Stadt und Land überwunden und die Vorzüge der Stadt *und* des Dorfes in rationell organisierten und harmonisch gestalteten Siedlungssystemen auf einer höheren Stufe vereinigt werden.
Bei der Einschätzung der Wirkungsweise der genannten Faktoren und Prozesse in den einzelnen sozialistischen Ländern müssen neben den allgemeinen sozialökonomischen Gesetzen (wie sie für alle sozialistischen Länder gelten) auch die konkreten länderspezifischen Bedingungen und Besonderheiten, die historische und geographische, politische und ökonomische, soziale, demographische und ethnische Spezifika einschließen, beachtet werden. Wir wollen für die UdSSR und die DDR einige jeweils typische Entwicklungen darlegen, die strategische Orientierungen, die den konkreten Entwicklungsbedingungen und -phasen der schöpferischen Vervollkommnung der sozialistischen Gesellschaft in diesen Ländern entsprechen, widerspiegeln.

So spielt in der Sowjetunion innerhalb des strategischen Programms zur harmonisierten Siedlungsentwicklung seit einigen Jahren und auch weiterhin anhaltend die Eindämmung des übermäßigen Wachstums der größten Städte und die beschleunigte Erweiterung des ökonomischen und kulturellen Potentials der kleinen und mittleren Städte eine bedeutsame Rolle.

Überprüft man diesen Trend für die letzten zwanzig Jahre an den Richtlinien der KPdSU und an anderen zentralen Dokumenten zur sowjetischen Siedlungspolitik, dann kann man seit dem Beginn der sechziger Jahre eindeutige Beschlüsse in dieser Hinsicht finden. So wurde im Rechenschaftsbericht des ZK der KPdSU auf dem XXII. Parteitag formuliert: „Neben den großen Städten als Produktions- und Kulturzentren, deren übermäßiges Wachstum gleichzeitig verhindert werden muß, ist es notwendig, kleinere und mittlere Städte zu entwickeln und zu gründen.“[8] Zehn Jahre später heißt es in der Direktive zum 9. Fünfjahrplan zum gleichen Phänomen: „Der Kurs auf die Eindämmung des Wachstums der Großstädte ist konsequent fortzusetzen.“[9] Im Leitdokument zum 10. Fünfjahrplan lautet die entsprechende Passage: „Das Wachstum der großen Städte ist weiterhin einzuschränken. Die ökonomisch entwicklungsfähigen, kleinen und mittleren Städte sind zu entwickeln ...“.[10] Und schließlich formulieren Richtlinien der Staatlichen Plankommission der UdSSR aus dem Jahre 1974, die aber darüber hinausgehend Bedeutung haben, weil es sich um methodologische Hinweise zur langfristigen Planentwicklung handelt, wie folgt:
„– Unzulässigkeit einer übermäßigen Industriekonzentration in Großstädten; der Bau neuer Betriebe und die Erweiterung bestehender Industriebetriebe mit Ausnahme solcher Betriebe, die zur unmittelbaren Versorgung der Bevölkerung sowie für den Wohnungs- und Gesellschaftsbau erforderlich sind, ist in folgenden Großstädten des Landes untersagt: Moskau (und Oblast Moskau), Leningrad, Archangelsk, Baku, Woronesh, Wladiwostok, Wolgograd, Gorki, Grosny, Dnepropetrowsk, Donezk, Saporoshe, Iwanowo, Irkutsk, Kalinin, Kasan, Komsomolsk, Kramatorsk, Kuibyschew, Lwow, Lipezk, Woroschilowgrad, Magnitogorsk, Minsk, Murmansk, Nikolajew, Nowosibirsk, Odessa, Pensa, Perm, Riga, Rostow, Rjasan, Saratow, Swerdlowsk, Sewastopol, Sumgait, Taganrog, Tallin, Taschkent, Tbilissi, Tula, Ufa, Charkow, Chabarowsk, Tscheljabinsk, Jaroslawl, Jerewan, Kiew.

– Entwicklung von Mittel- und Kleinstädten, die günstige Bedingungen für diesen oder jenen Industriezweig in enger Kooperation mit bereits vorhandenen oder neu entstehenden großen Industriezentren besitzen ...“[11]

Wie bedeutungsvoll diese Regulierung ist, läßt sich daran erkennen, daß die angeführten Städte eine Einwohnerzahl von 57,2 Millionen haben (1980), was einem Anteil von 34% an der Stadtbevölkerung der UdSSR entspricht. Von den (1980) 21 Millionenstädten des Landes sind 20 in diese Direktive aufgenommen. – Die gekennzeichnete Entwicklung verbindet sich mit vier grundlegenden Regulierungen:

– In den sehr großen Städten und überagglomerierten Stadtregionen führt die übermäßige Häufung von Betrieben, Einrichtungen und Menschen auf engem Raum zu Überbeanspruchungen der städtischen Bevölkerung, des geographischen Milieus, des Verkehrs und der Stadtökonomie (z.B. Überbeanspruchung des Wasserhaushalts, Verschmutzung der Luft, Geräuschbelästigungen, Erweiterung der Wegezeiten, Stoßbelastungen des Verkehrs, Einschränkung der Effektivität von Investitionen). Dem wird durch Maßnahmen zur räumlichen Differenzierung der Wachstumsimpulse entgegengetreten, wobei diese Regulierung die Ausschöpfung objektiv vorhandener Ballungsvorteile natürlich in keiner Weise ausschließt.

– Durch die übermäßige Betonung der größten Städte bei der industriellen, dienstleistenden und baulichen Investitionstätigkeit entstanden Entwicklungsdisproportionen zwischen den größeren Städten auf der einen und den kleinen und mittleren auf der anderen Seite. Es fehlten anziehende Arbeits- und Attraktivitätsmerkmale bei letzteren, was den Migrationsanreiz zu den größeren Städten verstärkte. Mit dem Siedlungsharmonisierungsprogramm der letzten zwanzig Jahre verbindet sich eine Verbesserung in der Funktionsbelegung in allen Stadtkategorien, was sich deutlich in einer gebietlichen Verbreiterung hoher städtischer Lebensqualität zeigt.

– Nicht wenige der kleinen und mittleren Städte verfügen über Reserven von Arbeitskräften. Durch ihre verstärkte Einbeziehung in Standortneugründungen kommt es zu einer wirksamen Regulierung der Nutzung von Arbeitskräfteressourcen.

– Durch die forcierte Herausbildung eines alle Stadtkategorien gleichermaßen umfassenden Systems von Produktionsbeziehungen konnte das Gefüge der territorialen Arbeitsteilung günstig beeinflußt werden.

Daß dies ein langanhaltender Prozeß ist, steht außer Frage. Erwähnt sei auch, daß bestimmte Selbstverstärkungselemente in großen Städten wirksam sind, während insbesondere in den kleinen Städten begünstigende Faktoren ihrer weiteren Entwicklung erst zu schaffen sind. Es steht aber ebenso außer Frage, daß die programmatische Ausarbeitung der gekennzeichneten Siedlungspolitik mit einer entsprechenden territorialen Lenkung der Investitionen verbunden und schon allein damit wirkungsaktiv ist.

Die bisher skizzierte Siedlungsentwicklung zielt, wie auf dem XXIV. Parteitag der KPdSU betont wurde, letztlich darauf, in Verbindung mit der ständigen Aktivierung der Vorzüge des Sozialismus in allen Stadtkategorien ... den natürlichen Wachstumsprozeß der Städte so zu lenken, daß ihre Bevölkerung in den Genuß immer gesünderer und bequemerer Lebensbedingungen kommt.“[12]

Es sei wegen des Zusammenhangs zur hier behandelten Stadt- und Landentwicklung abschließend darauf hingewiesen, daß natürlich auch die Stabilisierung der demographischen Entwicklung auf dem Lande direkt auf die planmäßige Regulierung des Städtewachstums einwirkt. Zu den wesentlichen Entwicklungscharakteristika der ländlichen Siedlungen insbesondere im europäischen Landesteil gehörten bis zum Anfang der achtziger Jahre hohe Abwanderungsquoten, die negative Veränderungen in der Altersstruktur hervorriefen (Verringerung des Anteils der Personen im arbeitsfähigen Alter und Steigerung des Anteils älterer Jahrgänge) und die Absenkung der biologischen Reproduktion auf dem Lande nach sich zogen. So betrug die Geburtenrate auf dem Lande 1940 = 31,5 ‰, 1960 = 27,8 ‰, 1970 = 18,7 ‰. Dem bezeichneten negativen Trend wird massiv durch solche Programme entgegengetreten, die die ländlichen Entwicklungspotenzen umfassend aktivieren. So zeichnet sich im Zusammenhang mit der Durchführung des langfristigen Lebensmittelprogramms und des kürzlich beschlossenen Meliorationsprogramms, die beide mit einer umfassenden Investitionstätigkeit auf dem Lande verbunden sind, wobei diese weit über den produktiven Bereich hinausgeht, als Ergebnis und gleichzeitig Bedingung der Lösung dieser komplexen volkswirtschaftlichen Aufgaben höchsten Ranges eine zunehmende Stabilisierung der demographischen Entwicklung auf dem Lande ab. Konstantin Tschernenko hob unlängst hervor, „daß die Abwanderung der Landbevölkerung in die Städte seit einigen Jahren zurückzugehen begann" und während der letzten drei Jahre (1981–1983) acht Prozent weniger aus Dörfern weggezogen sind, wobei der Rückgang der Land–Stadt-Wanderung in der RSFSR sogar 24 Prozent, darunter in der Nichtschwarzerdezone 30 Prozent, betrug. Auch die Geburtenhäufigkeit auf dem Lande erreichte im Jahre 1983 das höchste Niveau seit 20 Jahren.[13]

In der DDR liegen typische Bedingungen der Siedlungsharmonisierung beim sehr hohen Ausgangsniveau der Verstädterung (das höher als in den anderen sozialistischen Ländern ist), dem damit zusammenhängenden langsameren Verstädterungsprozeß und dem relativ ausgewogenen Verhältnis von Groß- und Mittelstädten (vgl. Tab. 1 u. 2).

Tab. 1 Anteil der Stadtbevölkerung an der Gesamtbevölkerung der europäischen RGW-Staaten in den Jahren 1960 und 1975 (in %) sowie deren Veränderung (in %-Punkten)

Land	1960 (%)	1975 (%)	$\frac{1975}{1960}$ (%-Punkte)
DDR	72	75	3
ČSSR	57	66	9
UdSSR	50	61	11
Polen	48	56	8
Ungarn	43	50	7
Bulgarien	38	58	20
Rumänien	32	44	12

Quelle: Siedlungsstruktur und Urbanisierung. Gotha 1981, S. 71

Tab. 2 Veränderungen der siedlungsstrukturellen Proportionen der Bevölkerung der DDR in der Zeit von 1964 bis 1982 (%-Anteile und deren Veränderung in %-Punkten)[1]

Größengruppe	1964 (%)	1982 (%)	$\frac{1982}{1964}$ (in %-Punkten)
Großstädte (≥100 TEw.)	23,4	26,2	2,8
Mittelstädte (≥20–100 TEw.)	19,2	22,6	3,4
Kleinstädte (≥2–20 TEw.)	30,4	27,7	−2,7
Landgemeinden (<2 TEw.)	27,0	23,5	−3,5

[1] Errechnet nach Angaben des Statistischen Jahrbuchs der DDR 1983. Berlin 1983.

Unter den Bedingungen stagnierender bzw. zeitweilig rückläufiger Bevölkerungsentwicklung war das relativ geringe Wachstum der Groß- und Mittelstädte mit einem vergleichsweise zu anderen sozialistischen Ländern höheren Anteil der Migration – des Wanderungsgewinns – an der Bevölkerungszunahme in den größeren Städten verbunden (vgl. Tab. 3). Es erfolgte also eine tiefgreifende territoriale Umverteilung von Bevölkerung und gesellschaftlichem Arbeitsvermögen aus den Dörfern und Kleinstädten in die Groß- und Mittelstädte, wobei die territoriale Konzentration der Arbeitsplätze und des komplexen Wohnungsneubaus auf diese größeren Siedlungszentren als entscheidende objektive Faktoren des Migrationsanreizes wirkten.

Tab. 3 Wachstum der Einwohnerzahl der Groß- und Mittelstädte (≥20 TEw.) sowie Umfang und Anteil der Migration (des Wanderungsgewinns) am Städtewachstum in der Zeit von 1964 bis 1981[1]

Zunahme der Einwohnerzahl (in TEw.)	davon: Wanderungsgewinn (in TEw.)	in % der Zunahme insgesamt
931,2	712,4	76,5

[1] Errechnet nach Angaben der Statistischen Jahrbücher der DDR 1965ff.

Dieser territoriale Konzentrations- und Zentralisationsprozeß verlief unter den Bedingungen einer ständigen Abnahme des agrarisch-ländlichen Migrationspotentials, das Ende der 70er Jahre – im Durchschnitt der DDR betrachtet – schließlich erschöpft war (vgl. Tab. 4).

Zugleich war zu beobachten, daß der Anteil der in den Landgemeinden wohnenden Berufstätigen, die nicht in der Land- und Forstwirtschaft beschäftigt sind, ständig

Tab. 4 Veränderung der Anzahl der Berufstätigen in der Land- und Forstwirtschaft der DDR in der Zeit von 1949 bis 1982, differenziert nach Zeitabschnitten[1]

Zeitabschnitt	Veränderungsbetrag (1000 Personen)
1949–1958	–812
1959–1968	–362
1969–1978	–191
1979–1982	24

[1] Errechnet nach Angaben des Statistischen Jahrbuchs der DDR 1984.

zunahm. Diese Berufstätigen arbeiten entweder in Industrie- und Handwerksbetrieben sowie in Einrichtungen der Infrastruktur am Ort oder pendeln in nichtlandwirtschaftliche Arbeitsstätten anderer Orte aus (Arbeitspendler). Dabei spielen Orte mit einem gegliederten Berufsangebot eine größere Rolle als solche, die diese Situation nicht aufweisen. Dementsprechend übten die Groß- und Mittelstädte neben ihrem Migrationssog auch eine hohe Anziehung auf Arbeitspendler aus. Nicht selten war das Arbeitspendeln der erste Schritt zur Migration. Die Abwanderung von ländlichen Arbeitskräften aus den Bereichen der sozialen Infrastruktur (Handel und Versorgung, Dienstleistungen, aber auch Bildungs- und Gesundheitswesen) sowie die Ansiedlung zunächst auf dem Lande wohnender Arbeitspendler in den Arbeitsorten in Gestalt größerer Zentren, die zugleich die Hauptmasse des Wohnungsneubaus auf sich vereinten, wirkten sich z. T. ungünstig auf die ökonomischen und sozialen Reproduktionsbedingungen auf dem Lande aus. Sie führten gleichzeitig zu volkswirtschaftlichen Verlusten durch Einschränkungen der effektiven Nutzung vorhandener Fonds in der materiellen Produktion und Infrastruktur (einschließlich Wohnungsfonds) in den ländlichen Gebieten. Zugleich wurden auch die ökonomischen und sozialen Potenzen der Kleinstädte als Siedlungszentren auf dem Lande, als Produktions- und Infrastrukturstandorte und Wohnorte auch für eine bedeutende Anzahl von Arbeitspendlern (sowohl in Richtung größerer Städte und großer Industriestandorte als auch in Richtung Land und Landwirtschaft) nicht überall in dem gesellschaftlich erforderlichen Maße genutzt. Kurz, die Angleichungsprozesse zwischen Stadt und Land verliefen unter komplizierten Bedingungen, wobei die revolutionäre Veränderung der Anlagefonds auf dem Lande, die gleichen Eigentumsformen an den Produktionsmitteln, die Angleichung des Bildungsniveaus zwischen Stadt und Land und anderes den Prozeß forcierten, während Besonderheiten der demographischen Entwicklung und der Migration den Prozeß verlangsamten. Unter den Bedingungen des Überganges zur umfassenden Intensivierung in den 80er und 90er Jahren zeichnen sich für die Angleichungsprozesse zwischen Stadt und Land in der DDR u. a. folgende günstige Veränderungen ab, die im Prozeß der Prognostizierung, Planung und Leitung beachtet werden müssen:

– Die Intensivierung und insbesondere Rationalisierung in den Betrieben der verarbeitenden Industrie, die sich zu einem bedeutenden Teil in den Groß- und Mittelstädten konzentrieren, führen dazu, daß künftig in der Regel keine zusätzlichen Arbeitskräfte benötigt werden, kein Mehr an Arbeitskräften notwendig ist. Damit wird unter diesem Aspekt kein weiteres Größenwachstum dieser Städte (gemessen an der Arbeitskräfte- und Einwohnerzahl) erforderlich.
– Der Übergang zur intensiven Linie im städtischen Wohnungsbau führt dazu, daß der Anteil des Wohnungsneubaus für Ersatzzwecke auf innerstädtischen Standorten in den Groß- und Mittelstädten zunimmt und der Anteil modernisierter und rekonstruierter Wohnungen an der Gesamtzahl der fertiggestellten Wohnungen wächst. Die neugeschaffenen bzw. modernisierten Wohnungen werden dabei zur Lösung der Wohnungsfrage und weiteren Verbesserung der Wohnverhältnisse für die bereits in der Stadt ansässigen Bewohner eingesetzt. Damit wird der Zuzug in die größeren Zentren weiter eingedämmt.
– Der Anteil der natürlichen Bevölkerungsbewegung (Geborenenüberschuß) am Wachstum der Einwohnerzahl der Groß- und Mittelstädte erhöht sich. Damit erfolgt die demographische Reproduktion der Groß- und Mittelstädte in zunehmendem Maße aus „eigener Kraft" ,so daß ein Wanderungsgewinn gegenüber den Kleinstädten und Dörfern für die Stabilisierung bzw. das Wachstum der Bevölkerung in den größeren Zentren künftig im Regelfall nicht mehr erforderlich sein wird.*
– Durch erhebliche Erweiterungen des dörflichen Wohnungsneubaus und dabei umfassender Unterstützung beim Eigenheimbau sowie der Ausweitung von Modernisierung und Erhaltung dörflicher Siedlungssubstanz werden sich die Wohnbedingungen auf dem Lande wesentlich verbessern. Zugleich wachsen die infrastrukturellen Leistungen. Unter den Bedingungen der Vollbeschäftigung auf dem Lande und in der Stadt ist diese Entwicklung in den ländlichen Gebieten die entscheidende Rahmenbedingung für die Stabilisierung der Arbeitskräfteverhältnisse in der Landwirtschaft.
– Die weitere Entwicklung der arbeitsteiligen Produktions- und Lebensfunktionen auf dem Lande schließt die Erhaltung und qualitative Ausgestaltung sowie die funktionelle Aufwertung von Kleinstädten als den historisch gewachsenen Bindegliedern und konkreten Übergangsformen zwischen Stadt und Land unbedingt ein.

Die derzeitigen Prozesse der Annäherung zwischen Stadt und Land in der DDR werden unter den Bedingungen der umfassenden Intensivierung also erheblich begünstigt. Hier deutet sich als übergeordnetes Prinzip an, daß im Sozialismus schrittweise eine harmonisierte Siedlungsstruktur herausgebildet wird, in der Stadt und Land sich

* Allerdings läßt sich z.Z. noch eine erhebliche regionale Differenzierung in den Proportionen von natürlicher und räumlicher Bevölkerungsbewegung als Komponenten der Veränderung der Einwohnerzahl der Groß- und Mittelstädte der DDR erkennen. Nachweisbar sind hierbei Beziehungen zu den bisherigen Wanderungsgewinnen, zur Altersstruktur der Stadtbevölkerung und zu derem generativen Verhalten sowie zu den Wohnbedingungen im engeren und weiteren Sinne (vgl. Tab. 5)

Tab. 5 Veränderung des Zunahmebetrages sowie des Anteils der natürlichen Bevölkerungsbewegung (Geborenen- bzw. Gestorbenenüberschuß) an der Zunahme der Einwohnerzahlen der Stadtkreise der DDR in den Jahren 1978 und 1981, differenziert nach Bezirksgruppen[1]

Bezirksgruppe	Zunahmebetrag (in 1000 Pers.) 1978	1981	Zunahmebetrag 1981 in % des Wertes von 1978	Anteil der natürlichen Bevölkerungsbewegung (in %) 1978	1981
Stadtkreise der DDR insgesamt	47,2	32,5	69	13,2	24,4
Nördl. Bezirke	10,7	4,6	43	43,5	94,9
Mittl. Bezirke	10,2	1,9	19	28,5	>100
Südwestl. Bezirke	6,3	5,5	87	22,2	26,3
Südl. Bezirke	9,2	7,4	80	<0	<0
Hauptstadt Berlin	10,8	13,1	121	<0	12,2

[1] Errechnet nach Angaben der Statistischen Jahrbücher der DDR 1979ff.

organisch verbinden und die Dualität zwischen Stadt und Land schließlich in einer qualitativ neuen Siedlungsweise im Kommunismus aufgehoben wird. Praktisch heißt das, daß alle Siedlungen eines Landes unter dem Gesichtspunkt einer für die sozialistische Gesellschaft zweckmäßigen Entwicklung generell so zu planen sind, daß sie als Bausteine eines komplexen Siedlungssystems funktionieren, das in sich arbeitsteilig organisiert ist und bei unterschiedlicher funktioneller Positionierung der Einzelsiedlung in allen Teilen qualitative Gleichwertigkeit im Lebensniveau garantiert.
Die langanhaltende Dauer der Durchsetzung dieses Ziels schließt Differenzierungen nach zeitlichen und örtlichen Gegebenheiten ein, bleibt aber unabhängig von der Dynamik nach Zeit und Raum ein übergeordnetes strategisches Anliegen der sich zum Kommunismus entwickelnden sozialistischen Gesellschaft.

2. *Zur Standortverteilung der Produktion und zu territorialen Angleichungsprozessen*

Für die territoriale Organisation der Volkswirtschaft gilt, daß sie so zu gestalten ist, daß die gesetzten Ziele der Produktion materieller Werte mit dem kleinsten Aufwand an lebendiger und vergegenständlichter Arbeit erreicht werden können.

Mit der Durchsetzung dieser Strategie wird von der räumlichen Seite der Entwicklung der Volkswirtschaft zur Verwirklichung des Grundgesetzes des Sozialismus beigetragen, eine maximale Befriedigung der ständig wachsenden materiellen und geistigen Bedürfnisse der Gesellschaft durchzusetzen, indem räumliche Wachstumsfaktoren allseitig aufgeschlossen werden. Die Eingliederung der räumlich-produktiven Aufgabe in die umfassende gesellschaftliche Zielstellung des Sozialismus schließt natürlich ein, daß die *ökonomische* Prägung der sozialistischen Standortverteilung der Produktion auch von Prägungen *außerhalb* der Produktion begleitet wird. Es geht dabei im wesentlichen darum, daß die territoriale Organisation der Volkswirtschaft eingebettet ist in das

– humanistische Anliegen, die Selbstverwirklichung des Menschen territorial zu unterlegen (z. B. territorial gestreutes Angebot an vielfältigen Arbeitsplätzen für Männer und Frauen, territorial gesicherte Bildungs- und Freizeitmöglichkeiten, optimale räumliche Kombinationen von Wirtschafts- und Lebensaktivitäten u. a.),

– humanistische Anliegen, die den Menschen umgebende Natur (oder quasi-natürliche Zustände) möglichst nur innerhalb ökologisch gesetzter Grenzen zu nutzen (zunehmende Optimierung des Verhältnisses von Standortverteilung der Produktion und Geoökologie).

Auf die Standortverteilung der Produktion „beschränkt" seien hier einige Aspekte diskutiert, die wir als besonders aktive Positionen mit strategischer Bedeutung erkennen.

Es gehört zu den Grundanliegen einer sozialistischen Standortverteilung der Produktion, daß deren territoriale Anordnung so gestaltet wird, daß die in kapitalistischer Zeit zurückgebliebenen Gebiete (Folge des Gebietsantagonismus im Kapitalismus) an das Niveau der führenden Gebiete herangebracht werden. In der Sowjetunion verknüpft sich diese Standortstrategie in starkem Maße mit der Lösung der nationalen Frage innerhalb eines multinationalen Staates. Wir greifen diesen Problembereich heraus, weil er international überaus bedeutungsvoll ist und entsprechende Aktivitäten des realen Sozialismus hier als Muster – insbesondere für diverse Entwicklungsländer – gelten können. Es geht generell darum, daß die in zaristischer Zeit unterdrückten Nationalitäten mit der Oktoberrevolution de jure zwar die nationale Gleichberechtigung erreicht hatten, daß aber die Rechtsgleichheit auf nationaler Ebene nur einen Teil der Lösung der nationalen Frage beinhaltete. Es kam darauf an, die nationale Gleichberechtigung materiell durch diverse Standortgründungen in den Territorien der Nationalitäten zu unterlegen, damit sie de facto auch breit genutzt werden konnte. Dies schloß eine forcierte Industrialisierung der nationalen Gebiete ein, die nach ihrem Entwicklungstempo die altindustrialisierten Gebiete übertrafen und mit diesem Entwicklungsprinzip über eine längere Periode dem wirtschaftlichen Niveau der führenden Gebiete angeglichen wurden. Dies kann übergreifend durch die Veränderung der Siedlungsstruktur im Raum Mittelasien/Kasachstan belegt werden, wo die Zahl der städtischen Bevölkerung zwischen 1922 und 1982 von 1,6 Millionen auf 19,7 Millionen anstieg, sich also auf 1237% erhöhte. Zu der gleichen Zeit wuchs die gesamte Stadtbevölkerung der UdSSR auf 780%. Kasachstan, das 1922 einen Verstädterungsgrad von 8,9% (nicht einmal eine halbe Million Stadtbevölkerung) hatte, steigerte diesen bis 1982 auf 55,6% (rd. 8,5 Millionen). Damit liegt der Verstädterungsgrad etwa auf dem gleichen Niveau wie der Ungarns (1981 = 54%). Allein die kasachische Hauptstadt, Alma Ata, hat heute weit mehr als doppelt soviel Einwohner als 1922 im gesamten Raum Kasachstans, der die 25fache Größe der DDR hat, wohnten.

So konnte auf dem XXVI. Parteitag der KPdSU festgestellt werden: „Seit den ersten Jahren der Sowjetmacht zielte unsere Wirtschafts- und Sozialpolitik darauf, die ehemaligen nationalen Randgebiete so schnell wie möglich auf den Entwicklungsstand des Zentrums zu heben. Und diese Aufgabe ist erfolgreich gelöst worden .... Rückständige nationale Randgebiete, Genossen, gibt es jetzt nicht mehr."[14] Diese Einschätzung schließt eine tiefgreifende revolutionäre Veränderung von Völkern und Gebieten über die Durchsetzung der sozialistischen Standortverteilung der Produktion ein, die den Entwicklungsbogen von der Schellentrommel des Schamanen bis zur Computerdiagnostik, vom Nomaden bis zum Bewohner hochkomplizierter Metropolen spannt. Von ganz besonderer Bedeutung ist es, daß diese dem Sozialismus eigene Standortstrategie mit den sie begleitenden Erfolgen in den nationalen Territorien bewies, daß alle Völker unabhängig von ethnischen oder anderen Merkmalen höchstes wirtschaftliches und kulturelles Niveau erreichen können, wenn sie sozialistischen Entwicklungsgesetzen folgen. Zugleich wurde erstmalig praktisch demonstriert, daß rückständige Länder mit Hilfe des siegreichen Proletariats den Sozialismus aufbauen können, ohne vorher das kapitalistische Stadium durchlaufen zu haben. Als Entwicklungsprämisse wurde dieser Gedanke, der zu den großen Erkenntnissen des schöpferischen Marxismus-Leninismus gehört, erstmals von W. I. Lenin als These zur Lösung der nationalen und kolonialen Frage für den II. Weltkongreß der Komintern entwickelt.[15] Hiermit ist eine weltpolitische Dimension in den Bereich der sozialistischen Standortstrategie eingebettet, denn die verschiedensten Nationalitäten der UdSSR demonstrierten (mit heutiger Wirkung auf multinationale Entwicklungsländer) de facto die Realität der Leninschen These, die wiederum als Ausdruck sozialistischer Nationalitätenpolitik ohne sozialistische Standortpolitik nicht durchsetzbar ist.

Für die DDR mit ihrer recht einheitlichen nationalen Zusammensetzung zeigt sich die adäquate territoriale Strategie in der forcierten Entwicklung ehemals zurückgebliebener Gebiete. Die Befolgung dieser Strategie hat im Zusammenspiel von zweiglichen und territorialen Entwicklungsprämissen bis heute dazu geführt, daß die DDR gegenwärtig eine solche territoriale Grundstruktur aufweist, die es gestattet, die entwickelte sozialistische Gesellschaft unter den veränderten inneren und äußeren Bedingungen in allen gesellschaftlichen Bereichen und allen Gebieten unseres Landes weiterhin erfolgreich zu gestalten. In historischer Sicht war die Schaffung dieser territorialen Grundstruktur zunächst damit verbunden, daß nach der Zerschlagung des deutschen Faschismus und der Wiederingangsetzung der Wirtschaft in der damaligen sowjetischen Besatzungszone und der daraus hervorgehenden DDR die gravierenden zweiglichen und territorialen Disproportionen in der Industrie, die sich im Ergebnis der ungleichmäßigen Entwicklung der Produktivkräfte und deren Standortverteilung im arbeitsteiligen Wirtschaftsgefüge des kapitalistischen Deutschlands herausgebildet hatten und die durch die imperialistische Spaltung kraß hervortraten, schrittweise zu überwinden waren. Der Aufbau neuer bzw. die bedeutende Erweiterung bereits vorhandener Industriezweige wurde mit einer dynamischen Industrialisierung der im Kapitalismus politisch, ökonomisch und sozial zurückgebliebenen Gebiete vor allem in den Nord- und Mittelbezirken, aber auch in Teilregionen der thüringischen Bezirke (Eichsfeld, Teile des Thüringer Waldes) organisch verbunden. Zusammen mit der sozialistischen Umgestaltung der Landwirtschaft und einem über dem Landesdurchschnitt liegenden Tempo bei der Entwicklung bestimmter Bereiche der Infrastruktur (z.B. Wohnungswesen, Handel und Dienstleistungen, Bildungs- und Gesundheitswesen) setzte sich im Zuge der sozialistischen Standortverteilung der Produktivkräfte eine Angleichungstendenz zwischen den südlichen Bezirken mit einem hohen Verstädterungs- und Industrialisierungsgrad sowie starker räumlicher Verdichtung der Produktivkräfte einerseits sowie den mittleren und nördlichen Bezirken mit einem niedrigeren Verstädterungs- und Industrialisierungsgrad sowie geringerer räumlicher Verdichtung der Produktivkräfte andererseits durch. Im Zusammenhang mit der Erhöhung des Anteils der Nord- und Mittelbezirke an der Industrieproduktion der DDR erfolgte dort ein besonders dynamischer Freisetzungsprozeß von Arbeitskräften aus der Landwirtschaft. Beides bedingte in diesen Gebieten ein überdurchschnittliches Tempo im Verstädterungsprozeß (vgl. Tab. 6, 7 und 8), so daß zugleich quantitativ wie qualitativ ein bedeutsames Wachstum der Arbeiterklasse in allen Bezirken durchgesetzt wurde. Waren zu Beginn der sozialistischen Entwicklung noch 6 der 15 Bezirke der DDR vorwiegend agrarisch orientiert (1955), so überwiegt die Industrie gegenwärtig (1982) nach dem Prozentanteil an der Gesamtzahl der Berufstätigen in den Bezirken bis auf eine Ausnahme (Bezirk Neubrandenburg) gegenüber der Land- und Forstwirtschaft. Dabei hat sich der Industriebeschäftigtenanteil in den Bezirken mit der niedrigsten Ausgangsbasis (in Norden und Osten) im Ergebnis einer dem Sozialismus entsprechenden Standortverteilung der Produktivkräfte und der Produktion – insbesondere ihres progressivsten Bestandteils, der Industrie – am stärksten erhöht. In diesem Zusammenhang sind jedoch die an die historisch gewachsenen industriellen Ballungsgebiete gebundenen Effektivitätspotenzen der regionalen Konzentration, Kombination und Nahkooperation der Produktivkräfte auf längere Sicht nicht geschmälert worden. Ganz im Gegenteil, ihre allseitige Nutzung war eine wesentliche Voraussetzung, die territoriale Angleichungspolitik materiell zu stützen.

Die beim Aufbau der sozialistischen Gesellschaft wirkende Gesetzmäßigkeit der Angleichung zwischen den Gebieten (Regionen) mit höherem und niedrigerem Niveau der Industrialisierung, Urbanisierung und territorialen Konzentration der Produktivkräfte ist also auch in der DDR wirksam geworden und hat zur Herausbildung einer relativ ausgewogenen und stabilen territorialen Grundstruktur der gesellschaftlichen Reproduktion im Gesamtmaßstab des Landes geführt. Damit sind für den Übergang zur umfassenden Intensivierung der Volkswirtschaft, für die weitere Verbesserung der Arbeits- und Lebensbedingungen der Bevölkerung, für die Ausprägung der sozialistischen Lebensweise, die Annäherung der Klassen und Schichten sowie die weitere Verringerung wesentlicher Unterschiede zwischen Stadt und Land in allen Teilen des Landes günstige territoriale Voraussetzungen geschaffen worden. Die territoriale Grundstruktur der gesellschaftlichen Reproduktion innerhalb eines Landes tritt in zwei sich einander durchdringenden Ebenen bzw. Dimensionen in Erscheinung:

a) als großräumiges Verhältnis – als großräumig wirkende Beziehungen, Proportionen und Unterschiede – vor allem zwischen hochurbanisierten und -industriali-

Tab. 6 Veränderung des Anteils der Bezirksgruppen an der Industrieproduktion (iBP) der DDR in der Zeit von 1955 bis 1982 (in % bzw. in %-Punkten)[1]

Bezirksgruppe	1955 (%)	1982 (%)	$\frac{1982}{1955}$ in %-Punkten
Nördl. Bezirke	5,5	7,1	1,6
Mittl. Bezirke	17,7	24,7	7,0
Südwestl. Bezirke	14,4	14,9	0,5
Südl. Bezirke (mit Ballungsgebieten)	55,4	48,0	−7,4
Hauptstadt Berlin	7,0	5,3	−1,7
DDR	100,0	100,0	0

[1] Nach Angaben der Statistischen Jahrbücher der DDR 1956 und 1983 errechnet.

Tab. 7 Anteile der Berufstätigen in der Land- und Forstwirtschaft an den Gesamtberufstätigen der DDR in den Jahren 1955 und 1980, in %, sowie deren Veränderungen (in %-Punkten), differenziert nach Bezirken[1,2]

Bezirk		1955 (%)	RZ	1980 (%)	RZ	$\Delta \frac{1980}{1955}$ in %-Punkten	RZ
Neubrandenburg	(N)	54,7	1.	26,2	1.	−28,5	1.
Schwerin	(N)	46,4	2.	21,7	2.	−24,7	2.
Frankfurt/O.	(M)	36,9	3.	16,0	4.	−20,9	3.
Rostock	(N)	33,4	4.	14,7	6.	−18,7	4.
Cottbus	(M)	29,7	7.	11,3	8.	−18,4	5.
Magdeburg	(M)	31,4	6.	15,0	5.	−16,4	6.
Erfurt	(SW)	27,1	8.	11,5	7.	−15,6	7.
Potsdam	(M)	31,7	5.	16,3	3.	−15,4	8.
Suhl	(SW)	22,9	9.	7,8	11./12.	−15,1	9.
Gera	(SW)	20,4	10.	9,8	9.	−10,6	10.
Halle	(S)	19,3	11.	9,5	10.	−9,8	11.
Dresden	(S)	15,9	12.	7,8	11./12.	−8,1	12.
Leipzig	(S)	14,9	13.	8,4	13.	−6,5	13.
Karl-Marx-Stadt	(S)	11,4	14.	5,8	14.	−5,6	14.
DDR		22,3		10,7		−11,6	

Zeichenerklärung: N = Nordbezirke; M = Mittelbezirke; SW = Südwestbezirke; S = Südbezirke (mit Ballungsgebieten)

[1] Ohne Hauptstadt Berlin.

[2] Nach Angaben des Statistischen Jahrbuchs der DDR 1983 errechnet.

Tab. 8 Anteil der Groß- und Mittelstädte (>20 TEw.) an der Bevölkerung im Jahre 1964 und deren Veränderung in der Zeit von 1964 bis 1982 (1964 = 100) in der DDR, differenziert nach Bezirksgruppen*

Bezirksgruppe	Anteil der Städte ≥20 TEw. an der Bevölkerung 1964 (in %)	Index der Veränderung $\frac{1982}{1964}$ (1964 = 100) Großstädte (≥100 TEw.)	Mittelstädte (≥20–100 TEw.)
Nördl. Bezirke	30,8	134	127
Mittl. Bezirke	34,1	121	130
Südwestl. Bezirke	37,1	117	113
Südl. Bezirke (mit Ballungsgebieten)	47,5	98	95
Hauptstadt Berlin	100,0	110	–
DDR insgesamt	44,2	108	110

* Siehe Tabelle 7.

sierten Gebieten (Regionen) sowie geringer urbanisierten und industrialisierten Gebieten (Regionen).
Übergeordnet sind diese als zwischengebietliche (interregionale) Beziehungen, Proportionen und Unterschiede einzuordnen;

b) als kleinräumiges Verhältnis – als kleinräumig wirkende Beziehungen, Proportionen und Unterschiede – zwischen Städten und Dörfern, urbanen und ruralen Siedlungen innerhalb der Gebiete (Regionen).
Übergeordnet sind diese als innergebietliche (intraregionale) Beziehungen, Proportionen und Unterschiede aufzufassen.

Bei der planmäßigen Entwicklung der territorialen Grundstruktur unter den Bedingungen des realen Sozialismus muß die Dialektik von territorialen Angleichungsprozessen auf der großräumigen, gesamtstaatlichen Ebene und territorialen Differenzierungsprozessen auf der kleinräumigen, regionalen (innergebietlichen) Ebene beachtet werden. So erfordert die weiter oben charakterisierte großräumige (zwischengebietliche) Angleichung in den bisher unterdurchschnittlich entwickelten Gebieten zeitweilig eine vorwiegend extensiv erweiterte Reproduktion, ein expansives Wirtschaftswachstum und ein überdurchschnittliches Tempo bei der Hebung des Lebensniveaus. Sie ist z. T. verbunden mit einer zeitweiligen Vergrößerung von Unterschieden zwischen Stadt und Land auf der innergebietlichen Ebene bei insgesamt steigendem Produktions- und Lebensniveau. Diese temporär begrenzt wirkende relative Vergrößerung innergebietlicher Unterschiede – Differenzierung – findet hauptsächlich in den Gebieten mit geringerem Urbanisierungs- und Industrialisierungsgrad statt. Sie erfolgt über eine überdurchschnittliche Dynamik der sich vorwiegend innergebietlich – in der nahräumlichen Dimension – vollziehenden territorialen Konzentration und Zentralisierung der Produktivkräfte in ausgewählten größeren Zentren (Groß- und Mittelstädten) und ist z.T. mit Funktions-, Arbeitskräfte-, Bevölkerungs- und Substanzverlusten auf dem Lande verbunden. Diese innergebietliche Konzentration ist einerseits Voraussetzung und Bedingung für den zwischengebietlichen – großräumigen – Angleichungsprozeß unter den Bedingungen vorwiegend extensiven Wirtschaftswachstums. Sie stimuliert andererseits bei Verletzung innergebietlicher Proportionalitätsbedingungen der gesellschaftlichen Reproduktion auch gesamtgesellschaftlich uneffektive Abwanderungsprozesse aus derartigen Gebieten und beeinflußt auf diese Weise in gewissem Maße ebenfalls die großräumige Komponente der Entwicklung der territorialen Grundstruktur.

Beim erreichten Niveau der großräumigen Annäherung der Produktions- und Lebensbedingungen setzt sich mit dem Übergang zur umfassenden Intensivierung und der damit verbundenen Harmonisierung der Siedlungsstrukturentwicklung auf der regionalen (innergebietlichen) Ebene die Tendenz der weiteren Harmonisierung der territorialen Grundstruktur auf beiden dialektisch miteinander verbundenen Ebenen durch, die bereits im ersten Abschnitt näher charakterisiert worden ist. Damit werden allgemein günstige territoriale Bedingungen für die weitere Gestaltung der entwickelten sozialistischen Gesellschaft und den allmählichen Übergang in die höhere Phase der kommunistischen Gesellschaftsformation geschaffen.

Literatur

1 Marx, K., Das Kapital, Erster Band. In: MEW, Bd. 23, S. 373.
2 Aitow, N. A., u. R. B. Kamajew, Wege zur Überwindung der sozialen Unterschiede zwischen Stadt und Land. Sowjetwissenschaft, gesell. wiss. Beiträge 1/1984, S. 38.
3 Lenin, W. I., Karl Marx. In: Werke, Bd. 21, S. 61.
4 Lenin, W. I., Die Wahlen zur konstituierenden Versammlung und die Diktatur des Proletariats. In: Werke, Bd. 30, S. 246/47.
5 Aitow, N. A. u. R. B. Kamajew, a.a.O., S. 38.
6 Lenin, W. I., Die Entwicklung des Kapitalismus in Rußland. In: Werke, Bd. 3, S. 312.
7 Rechenschaftsbericht des ZK der KPdSU an den XXII. Parteitag der KPdSU. Berlin 1961, S. 228.
8 Ebenda, S. 228.
9 Presse der Sowjetunion, 53/1971, S. 447.
10 Presse der Sowjetunion, 15/1971, S. 410.
11 Metodičeskije ukazanija k razrabotke gosudarstvennych planov razvitija narodnogo chozjajstva SSSR. Moskva 1974, S. 292.
12 Rechenschaftsbericht des ZK der KPdSU an den XXIV. Parteitag der KPdSU. Presse der Sowjetunion, 1971, Nr. 39, S. 20.
13 Rede des Generalsekretärs des ZK der KPdSU, Konstantin Tschernenko, auf der Plenartagung des ZK der KPdSU. Neues Deutschland vom 25. 10. 1984, S. 3.
14 Rechenschaftsbericht des ZK der KPdSU an den XXVI. Parteitag der KPdSU. Presse der Sowjetunion, 5/1981, S. 26.
15 Die Kommunistische Internationale, Berlin 1970, S. 108.

FSC
www.fsc.org
MIX
Papier | Fördert gute Waldnutzung
FSC® C083411

Kolibri 360 GmbH
Ferdinand-Jühlke-Straße 7
99095 Erfurt, Deutschland
produktsicherheit@kolibri360.de